U0164584

前　言

　　隨著科技文明的進步，我們邁入一個以圖畫為主的「圖像時代」。

　　放眼望去，電視、電影、多媒體、網路等大眾傳播媒體，都爭相透過視覺影像來傳達訊息，就連兒童教育的領域，也開始興起「圖像教育」。

　　與其對著滿是黑白文字的課本，小朋友們其實更願意透過圖像的閱讀來獲得知識。這些彩色圖像的資訊量大、臨場感強，也更易於孩子們的記憶。

　　所以，能讓孩子們在完成了繁忙的功課後，一邊輕鬆的看看漫畫，還能一邊學習新知識的圖書，絕對是家長及老師們最樂意送給孩子們的禮物。

　　本系列的探險漫畫，便是以有趣的科普知識為主的兒童教育漫畫書。

　　小朋友可以津津有味的享受創意十足的漫畫故事，隨意發揮天馬行空的想像力，還可以從中學習許多與漫畫故事相關的科普常識，運用在課堂或日常生活中。

　　如果你的孩子常抱怨讀書學習是一件苦差事，不妨讓他們閱讀這本書，一定能引起孩子們求取新知的欲望。

Contents

人物介紹

小尚 （13歲）

◆ 聰明、冷靜、分析力強
◆ 愛長篇大論，偶爾會眼高手低
◆ 科學及理論主義者

小宇 （13歲）

◆ 好奇心重、好勝心強、
　會貪小便宜
◆ 勇敢、百折不撓、永不放棄
◆ 個人主義，喜歡逞英雄

石頭 （15歲）

◆ 力氣大、食量大、身形也大
◆ 沉默寡言但誠實可靠
◆ 維修高手

STARZ
◆外號小Ｓ，博士發明的小機器人
◆有掃描、分析、記錄、
　攝影、通訊等功能
◆外型百變，是庫存大量資料的
　超級微型電腦

艾美麗 (13歲)
◆聰明、反應敏捷
◆愛漂亮但個性酷酷的女生
◆電腦高手

達文西博士 (60歲)
◆國家科學研究院教授
◆擁有天馬行空的創意
◆學問淵博、喜愛冒險，
　但生性懶散

戴安娜 (30歲)
◆負責研究室基地的行政工作，
　是教授的得力助手
◆成熟、穩重、美麗、大方
◆擅長解決難題

CHAPTER 1

登上南極

1963年 英國

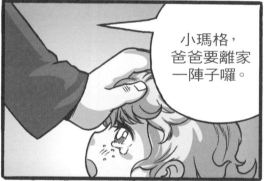

小瑪格，
爸爸要離家
一陣子囉。

爸爸要去
南極做一件偉大
的創舉，小瑪格
要乖乖等爸爸
回來哦。

霍金飛行員，報告你的情況！

可惡，控制台和聯絡器都失靈了！

飛機不受控制！

達令！小瑪格！！

碰！

啊啊啊！！！！

2019年 企鵝島

呼 呼

呼
呼

這個地方本來有很多企鵝，如今卻消失無蹤了。

這裡的確比以前冷很多，到底是什麼原因呢？

難道是那些從南極漂來的浮冰所致？得派小宇他們去調查才行。

還有一件事我要提醒博士……

下次來雪地請記得帶防寒衣。

哈啾！

看我的旋風腳!

小宇,你這個大笨蛋!

你沒聽到緊急鈴聲在響嗎?

對不起，花了一點時間。

小宇果然連一點自律都沒有呢！

別吵了，博士有話要說。

哇哈哈哈，是我，博士啦！你們在那裡很熱嗎？我在企鵝島可涼快了……哈……哈……

哈啾！！

拜託，你這是涼快的表情嗎？就快凍死了吧?!

我現在……在企鵝島……哈啾！這裡一直都有企鵝繁殖……

但是……哈啾！我發現這裡的企鵝都不見了……

哈啾！我相信動物對大自然的敏感度……哈啾！比人類強……

此外……哈啾！我還發現有許多浮冰從南極方向……哈啾！漂來……

也許，企鵝已經發現了人類還沒……哈啾！察覺的危機呢！

所以……你們……這次要調查的地點是……南……南……哈啾！哇啊！鼻涕黏在螢幕上了！

別說了，我們知道是南極了，真噁心。

我還要留在企鵝島調查，你們就去南極吧，會有人去接你們的……哈啾！

還有……哈啾！南極一點都不冷……

你們不必帶防寒衣……哈啾！

這博士不甘心只有自己著涼感冒，想拖我們下水陪他。

我才不會中計呢！這次任務，我不幹！

那也好，小宇在的話也只會礙手礙腳而已。

說得也是呢！

愛說笑,你們沒有我這個身手敏捷的隊長,又怎麼成事呢?

開始上當。

我知道剛才小尚是想要激勵我,好吧,我就勉強幫你們吧。

其實我剛才說的都是真心話。

呼～

嘔～

隊長,南極的海洋受汙染的話,你要負起很大的責任。

為什麼不用傳送機啊?

你忘了正在維修中嗎?

忍耐些吧，船越接近南極，風就會越大，船身也會晃得更加厲害。

弗雷德先生。

南極沿海地帶風力強大，風速每秒17～18公尺，而東南大陸更是達到40～50公尺。

曾有紀錄，日本科學考察員在走出基地餵狗時，突然遇上暴風雪，之後就沒再回來了。

博士那傢伙居然派我們來這麼危險的地方。

有同感。

喂，看見南極基地了！

你們好，我叫瑪格麗特，歡迎來到南極。

達文西博士跟我說過，派你們來協助我調查企鵝失蹤現象，我是……

你就是讓博士一夜白髮的初戀情人？

別亂製造沒有根據的謠言。

知識補給站

南極的定義

南極在字面上的意思是地球的最南端，然而人們在提及「南極」時，可能指的是地理上的涵義——南極點，也可能指的是南極圈或南極洲。按照國際上通行的概念，南緯60度以南的地區就是南極，其中包括了南冰洋及其島嶼和南極大陸。

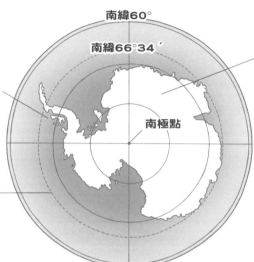

南緯60°

南緯66°34'

南極圈
南極圈在地理上是一種假想圈，其範圍內由南極洲和南冰洋組成。

南冰洋
南冰洋是指南緯60°以南的海域，面積約為2032萬平方公里。

南極點

南極洲
南極洲是地球最南端的洲，土地面積約有1425萬平方公里，由南極大陸、陸緣冰和島嶼組成。南極洲的面積比歐洲、澳洲都來得大，是世界面積第五大的洲。

補 充 說 明

以往，人們認為地球只有四大洋——太平洋、大西洋、印度洋和北冰洋。南冰洋是在2000年才由國際航道測量組織（或稱國際水文地理組織）確定的。不過目前這種看法仍有爭議，例如中國就不承認南冰洋的存在。

南極洲的形成

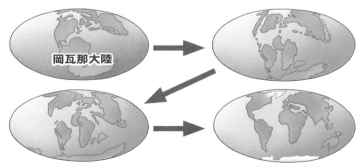

岡瓦那大陸

南極洲是由1億5千萬年前的岡瓦那大陸分離解體而成。

南極的地理特徵

陸地

南極洲的地形以山地和高原為主，其平均海拔為2350公尺，是地球上最高的洲，比位居第二的亞洲（950公尺）還要高將近2.5倍。南極洲覆蓋著大片冰層，冰層的平均厚度是2000公尺，最厚的地方達4750公尺。

南極洲上的冰層蘊藏了全球最豐富的淡水，如果冰層
完全融化的話，世界上許多沿岸的城市將會被淹沒。

補 充 說 明

南極洲的最高峰是文森山，它的高度是海拔4892公尺，比台灣最高峰——玉山，高940公尺左右。

冰川

又稱為「冰河」，是一種由大量冰雪堆積形成的巨大冰體。由於冰川是在降雪量大於融雪量的環境中形成，因此冰川只會出現在高緯度或者高山的嚴寒地區。冰川可分為山嶽冰川和大陸冰川，無論哪一種冰川都會沿著地面傾斜方向移動，只不過山嶽冰川是受重力作用而移動，而大陸冰川則是受冰河之間的壓力作用而移動。

補 充 說 明

冰川是地球上最大的淡水資源，占淡水總量的69%。其中，南極洲的冰川就有1398萬平方公里，相當於全世界冰川的86%。

大陸冰川

大陸冰川又稱為「冰蓋」。南極的冰川是屬於大陸冰川，其外形接近圓形，範圍遼闊，厚度幾乎可以掩埋整個山系。

冰棚

冰棚又稱為「冰架」。冰棚是由於大陸冰川移動超過海岸線，進而延伸到海洋，並浮在海面上所形成的地形。冰棚的厚度可達100至1000公尺，目前全世界最大的兩個冰棚都在南極洲，分別為羅斯冰棚和龍尼─菲爾希納冰棚。

南極的冰棚分布

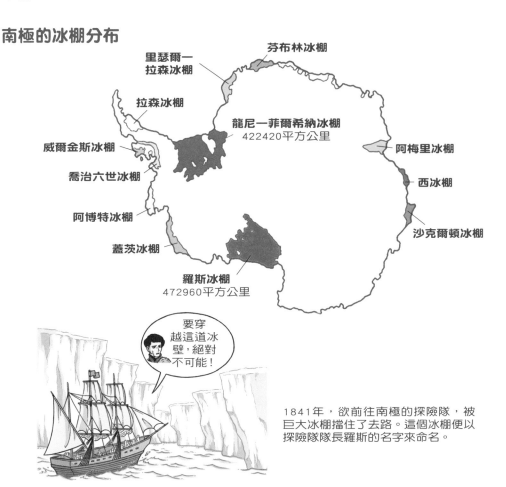

芬布林冰棚

里瑟爾─拉森冰棚

拉森冰棚

龍尼─菲爾希納冰棚
422420平方公里

威爾金斯冰棚

阿梅里冰棚

喬治六世冰棚

西冰棚

阿博特冰棚

沙克爾頓冰棚

蓋茨冰棚

羅斯冰棚
472960平方公里

要穿越這道冰壁，絕對不可能！

1841年，欲前往南極的探險隊，被巨大冰棚擋住了去路。這個冰棚便以探險隊隊長羅斯的名字來命名。

💡 冰棚崩解

隨著冰川不斷的推移，冰棚最前端容易發生崩解，而形成在海上漂流的冰山。由於近年來地球氣候暖化問題日益嚴重，使南極冰棚崩解的現象加劇，對全球生態造成嚴重的影響。

由於冰的密度只有海水的90%，因此光看浮在海面上的冰山，恐怕難以想像潛藏在海面底下的冰山有多麼龐大。

海岸

南極的海岸線長達2.47萬公里。南極的海岸類型有四種,其中以冰棚和冰牆為主。

類型	所占比率
冰棚	44%
冰牆	38%
冰流／注出冰川	13%
岩岸	5%

海岸類型

海洋

南冰洋是被定義在南緯60°以南的海域。南冰洋與其他大洋的最大不同點在於,它的邊界並不是鄰接著陸地,而是與太平洋、大西洋和印度洋相連。雖然南冰洋的邊界不明顯,但是其海水特性卻與其他三個大洋有著明顯的不同。

補充說明

南冰洋最深的地方有7235公尺,位於從南大西洋延伸過來的南三明治海溝之中。

 南極洲環流

南冰洋的主要循環系統,是一個由西向東環繞著南極洲的洋流,由於南極洲環流貫通全球的流向,使其他鄰接海洋的溫暖海水無法輕易流入南冰洋海域,進而導致南冰洋保持著低溫的環境。

西風漂流

南極洲環流是受西風帶影響而形成的洋流,是一種西風漂流。

CHAPTER 2
冰層崩塌

呼呼

讓我來介紹，我們這基地主要進行地質、生物、地球物理和海洋之類的研究。

不過南極也有冬天和夏天之分，每到夏天，來這裡的研究人員也會倍增。

南極也有夏天？

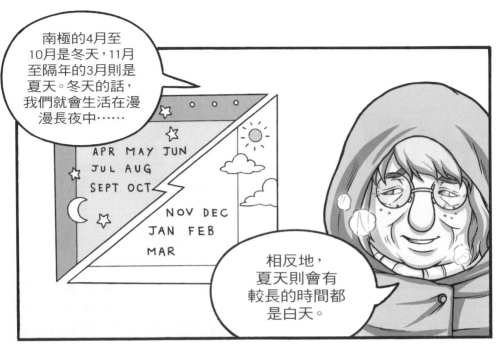

南極的4月至10月是冬天，11月至隔年的3月則是夏天。冬天的話，我們就會生活在漫漫長夜中……

APR MAY JUN
JUL AUG
SEPT OCT
NOV DEC
JAN FEB
MAR

相反地，夏天則會有較長的時間都是白天。

現在正值夏天，所以還有陽光，比較暖和。

不過最近的研究報告指出，南極正快速暖化中，真令人擔心。

暖化？對我們來說已經很冷了……

哈啾！

啪沙！

別驚慌，這是常會發生的事，這就是氣候暖化的後果。

啪沙
啪沙

總有一天，人類會為自己的自私自利付出代價的。

害我虛驚一場

雪車準備好了。

來吧，我們該出發了。

由於南極的企鵝集中點都不一樣,所以我會和助手隨同你們一起出發。

這就是雪車?比我想像中的大啊!

上車吧。

這麼沒信心?

我想回家。

你們準備好接受南極的考驗了嗎?

呼 呼

好安靜啊，
找一些話題
聊聊吧。

啪！

阿姨的臉
為什麼會有這
麼多皺紋？

阿姨一直
都待在南極
做研究嗎？
為什麼？

哈哈哈，
這個問題還是
我來代替她回
答好了。

電腦裡也有紀錄，飛行員霍金在南極失蹤，已被列為死亡處理了。

瑪格麗特阿姨的爸爸是飛行員，50幾年前在飛越南極時遇上暴風雪而失蹤了……

所以瑪格麗特想在她有生之年，至少能找到父親的遺體，一了心願。

……

暴風雪真的那麼恐怖嗎？

很恐怖，我可以確定。

你怎麼知道？你有看過暴風雪嗎？

有啊，剛剛在車子後面有看到。

啪沙！！

爸爸，請保
佑我們……

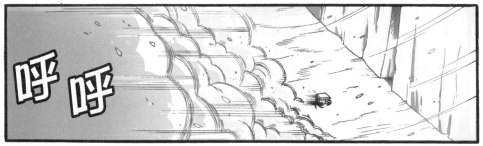

碰！

暫時是躲過了，現在只有等暴風雪過去。

這個冰縫會通往哪裡呢？

車子出了狀況。

我需要點時間修理。

咦？
小宇呢？

剛剛
不是還在
嗎？

真是的，那傢
伙一天不惹麻
煩會死嗎？

瑪格麗特
阿姨，我們要
去找小宇，很
快回來。

你們自己
去的話，我不
放心，我跟
你們去吧。

41

看。

呀～ 呀～

看來失蹤的企鵝都集中在這裡了，它們要去哪裡呢？

追上去，也許會有新發現！

我跳！

啪嚓！

知識補給站

🔆 南極的氣候

南極屬於極地氣候帶的冰原型氣候，全年氣候嚴寒，降雨量稀少，是全世界最寒冷的地帶，南極點的年均溫是-49.4°C，而南極沿岸地區的溫度雖然稍高，但平均也介於-26.1°C至-2.9°C之間。

🔆 南極點與南極沿岸的年均溫表

	南極點	南極沿岸
一月	-28.2	-2.9
二月	-28.2	-9.5
三月	-54	-18.2
四月	-57.3	-20.7
五月	-57	-21.7
六月	-58	-23
七月	-59.7	-25.7
八月	-60	-26.1
九月	-59.4	-24.6
十月	-51.1	-18.9
十一月	-38.3	-9.7
十二月	-27.5	-3.4
年均溫	-49.4	-16.9

在-32°C的寒冷環境下，即使把100°C沸騰的滾水潑向空中，也會瞬間凝結成細微的冰晶而隨風消逝。

補 充 說 明

目前地球上的最低溫紀錄（-89.2°C），是1983年7月在南極洲的沃斯托克站所記錄到的。

💡 為什麼南極會那麼寒冷？

南極常年處於嚴寒的原因有四個：

　南極位於高緯度地區，太陽光線的入射角度大，使單位面積所能吸收的太陽熱能少。

　南極一年之中有將近半年處於極夜，使南極接觸到陽光的時間遠遠不及其他地區。

　冰雪對日照的反射率介於80%至84%之間，而南極大陸地表有95%被白色的冰雪覆蓋，使太陽的熱能被反射回太空。

　南極的地勢屬於高海拔，空氣也相對稀薄，導致熱能都不容易保存。

💡 全球暖化對南極的影響

科學家發現，自從上世紀末，全球的溫度有持續暖化的現象。這種現象使南極上的大陸冰川加速融化，進而導致地球的海平面上升。全世界有四分之三的人口居住在沿海地區，一旦海平面上升，將使這些人口失去居住的地方，甚至有些位於低海拔國家也會因此而消失。

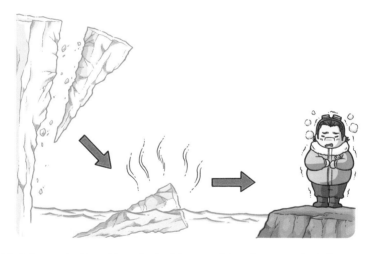

全球暖化使南極冰山崩塌的現象加劇，而當這些冰同時融化時，將會吸收大量的熱能。如此一來，靠近南極的地方（例如：南美洲）其溫度將會下降，導致當地的生態遭受嚴重的影響。

CHAPTER 3
怪物出沒！

小宇……

小宇……

快醒醒啊，
小宇！

夠了……
我已經很
清醒了。

歷史上也曾有記載過類似的事件：1974年2月末，一架美國飛機在南冰洋沿岸上空飛行時，突然發現一片雪白的土地上，分布著一些不結冰的湖泊，科學家便把這些地帶稱為「南極綠洲」。

南極綠洲指沒有被冰雪覆蓋的地方，它占了南極大陸的5%面積，包括乾谷、湖泊、火山和山峰。

我們已經走很遠了，還是回頭和助手會合吧，迷路就糟了。

可是這裡地形崎嶇，我也已經分不清哪個方向是對的了。

我感覺到溫度越來越高了。

一般的南極綠洲都靠近火山區，所以溫度也會不同。

而且企鵝應該不會在這裡出現才對，太奇怪了。

50

只好這麼做了，回去先通知其他科學家準備妥當，然後再徹底發掘這地方。

瑪格麗特阿姨說的沒錯，這地方也不知道會有什麼危險，還是快點回去吧。

不過，那些企鵝到底跑去哪裡了呢？

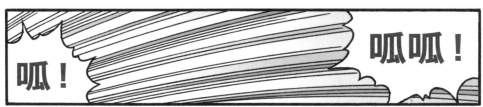

呱！

呱呱！

不是要回去了嗎？

喂，叫聲是從裡面傳出來的，相信裡面就是我們要找的企鵝了！

各位，車子修好了！

喂，你們在哪裡啊？！

小宇，有沒有
聽錯？這裡
哪有企鵝？

風？

前面有風，
應該離外面
不遠了。

我也感覺到
微風了。

可是為什麼
這風有股臭
咖哩味？

石頭怎麼
臉紅了？

原來是你
放屁！！

對不起，
小宇！
我不是故
意的！

54

前面
有光！

快點出去
……讓我呼
吸一些新鮮
空氣……

到處都開滿了會發光的植物……

小尚你認得這些植物嗎？

這真是太神奇了，連我都沒見過這些植物……

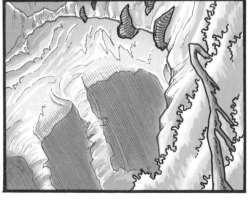

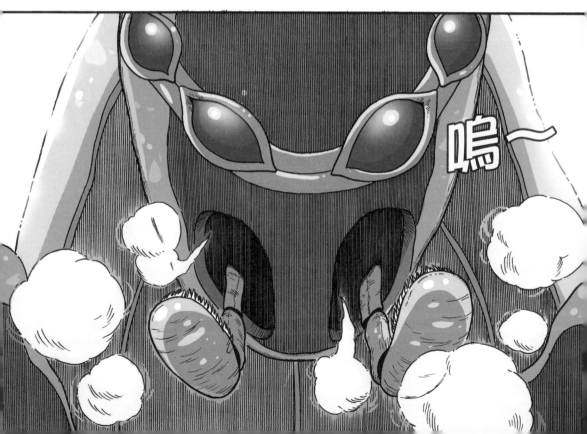

知識補給站

🔍 南極的氣象特點

極夜與極晝

極夜與極晝都是發生在兩極地區的現象。極夜是指一天之中，太陽都在地平線以下的現象；極晝則是指一天之中，太陽都在地平線以上的現象。簡單來說，極夜就是一整天都看不見太陽，而極晝則正好相反，太陽一整天都不下山。

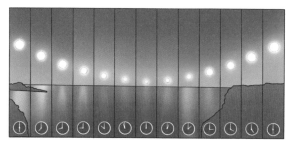

春分過後，南極開始出現極夜，直到秋分之時結束；秋分過後，北極開始出現極夜，直到隔年春分結束。當南極出現極夜時，北極就會發生極晝，反之亦然。

極光

極光是出現在高磁緯地區上空的一種發光現象。來自太陽的帶電粒子到達地球附近，地球磁場迫使其中一部分沿著磁場線集中到南北兩極。當這些帶電粒子進入極地的高層大氣時，它們與大氣中的原子和分子碰撞並激發，因而產生光芒，這就是「極光」。

地球上的極光主要呈現的顏色是紅色和綠色

殺人風

南極大陸有「風極」之稱，是地球上風暴發生最頻繁，風力也最強的大陸。在太平洋沿岸，時速達117公里的12級颶風已經足以帶來巨大的損害，但在南極沿岸，風速甚至能達到每小時200公里。1972年，在南極大陸的科學站記錄到史上最強的風，其時速高達372公里。要是人類在南極戶外遇上如此強勁的大風，身體的熱量將會迅速被狂風帶走而死亡，難怪南極流傳著一句話：「南極的冷不一定能凍死人，但南極的風能殺人。」

博士！

1960年，有位名叫福島的博士在南極的基地外餵狗，突然遇到暴風雪而失蹤。6年半後，他的屍體完好的被發現在基地的4.2公里處。

X探險特攻隊約好在南極點見面，但是為什麼他們明明準時抵達，卻看不到其他隊友呢？

奇怪，怎麼等了那麼久，他們還不來？

原來地球上總共五個地點可以被稱為「南極點」，分別是：地理南極點、地旋南極點、偏遠南極點、南磁極點、地磁南極點。因此，如果不說好是在哪一個南極點的話，就會搞錯地點了呢！

地旋南極點
(South Pole of Rotation)
地球沿著地球自轉軸進行自轉，而地球自轉軸的南端就是地旋南極點。地旋南極點與地理南極點距離不超過20公尺。

地磁南極點
(Geomagnetic South Pole)
通過計算，把地球磁場想像成地心內有一條大磁鐵，而從這條磁鐵的南端延伸出來的位置，就是地磁南極點。

地理南極點
(Geographic South Pole)
位於南緯90度的地理南極點，是地理座標最南端的一個點。

南磁極點
(Magnetic South Pole)
地磁指南針所引導的南方，就是南磁極點。隨著地球磁場的改變，南磁極點每年會往西北移動10至15公里。

 偏遠南極點 (Pole of Inaccessibility)
偏遠南極點是南極大陸上，距離海岸平均距離最遠的地方。

CHAPTER 4
重大發現

啪嚓！

！

怪物，不准你傷害瑪格麗特阿姨。

吼！！！

糟糕，它生氣了！

小宇，閃開！

連怪物都來欺負我這老太婆嗎？

太小看我了，我以前可是短跑冠軍，這種速度是追不上我的！

它會選擇看起來最弱的獵物來攻擊！

啪嚓！

我們知道你是短跑冠軍，但也請你考慮一下自己的年紀啊！

撲！

完……完了，我的人生要結束了嗎？

這裡應該安全了。

小尚，你怎麼知道音爆彈對它有效？

它們長期生活在地底下，這種生物通常都是靠聽覺來探測方向，所以攻擊它們靈敏的耳朵準沒錯。

這個地方到底是怎麼回事？為什麼會有這種怪物啊？

我們可能已經踏進一個人類未知的領域了。

小宇，聯絡得上基地嗎？

我有一直在嘗試，可是完全行不通。

這裡不宜久留，可是也不知道哪個方向才是出口啊……怎麼辦？

不管怎樣，我們繼續前進吧。

小宇。

放棄的話只有死路一條，唯有踏步向前才會有希望！

咻

咻

？

那些怪物又追上來了嗎？

不是的，那些是……

企鵝！！

啪 啪

哇啊！

啪！

好多企鵝，難道失蹤的企鵝全都聚集在這裡？

這地方真的讓人越來越費解了。

哇！連鯨魚也出現在這裡。

這些光……

難道是這些光促使這片海域的生態蓬勃起來？

光吸引魚群，
魚群吸引企鵝，
這也就是為什麼
面臨食物短缺的
企鵝，會出現在
這裡的原因了。

這些從海裡
透出的光究竟
是什麼呢？

這就考倒我了，這
裡已經超越人類
所能理解的範圍，
相信之前也沒有
別人發現過
這裡。

不見得吧，
你們看。

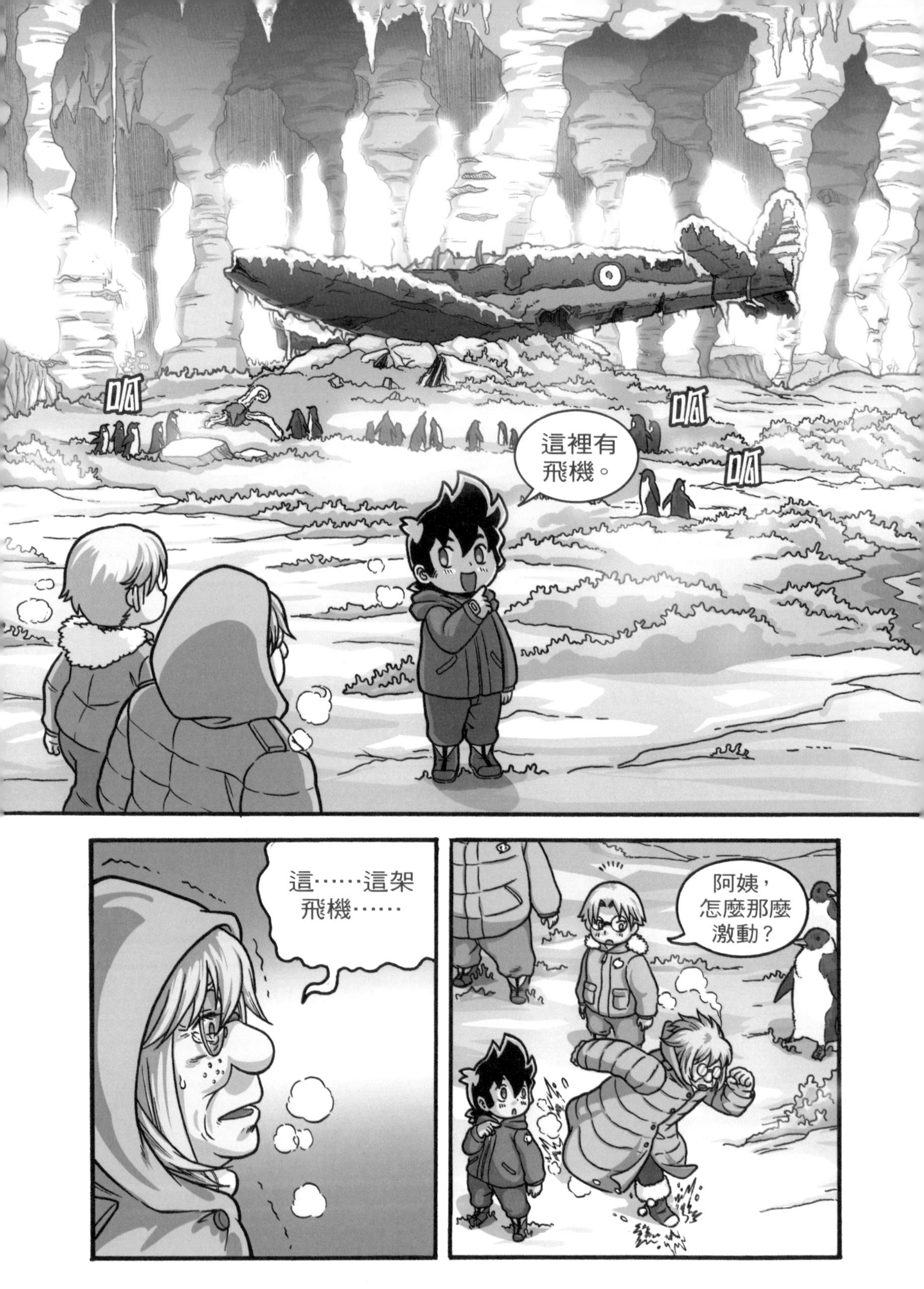
呱
呱
呱
這裡有飛機。
這……這架飛機……
阿姨，怎麼那麼激動？

我終於
找到了！！

竟然還有一
隻在上面。

知識補給站

🔍 南極大陸的發現與登陸

第一個發現南極大陸的人

1820年1月28日，由別林斯高晉指揮的沃斯托克號（Vostok）和米哈伊爾‧拉紮列夫指揮的米爾尼號（Mirny），抵達南極洲海岸，這是人類第一次親眼目睹南極大陸。

第一個登上南極大陸的人

美國的捕海豹船長——約翰‧大衛斯在他的航海紀錄中提到，他曾在1821年2月7日登上南極大陸的休斯灣，不過科學家不予承認這項紀錄。目前公認最早的登陸紀錄是1895年1月25日，挪威的捕鯨船長——亨利與他的船員登上南極的阿代爾角。

第一個抵達地理南極點的人

19世紀興起了一股探險南極大陸的潮流，來自世界各地的探險家先後登上南極大陸。不過一直到1911年，才有兩支探險隊同時挑戰地理南極點。以羅爾德‧亞孟森為首的探險隊於1911年12月14日率先抵達地理南極點，比競爭者羅伯特‧斯科特早了一個多月。

亞孟森與斯科特
南極點探險的路線

亞孟森選用雪橇犬來托運行李，而對於南極環境判斷錯誤的斯科特則選用了馬，
這個選擇不僅導致斯科特的遠征失敗，甚至還賠上了性命。

南極的交通

上個世紀，人類開始征服南極大陸時，面對了困難的環境考驗。南極大陸
沿岸到處都是大量的冰架和浮冰，再加上南冰洋海面上的冰山，堪稱最難
以接近的大陸。除此之外，惡劣的陸地環境，也使許多動物無法生存，因
此想依靠畜力來充當運輸也相當困難。所幸隨著科技發達，南極的建設也
日益完善，現在人們可以選擇從海路和空路登上南極大陸。同時，南極的
陸地上也具備現代科技的交通工具來載人及載物。

海路

麥克默多站（McMurdo Station）
是南極大陸上唯一可供大型船隻靠
岸的港口。雖然如此，其他沿海的
科學站仍設有近海錨地以供大型船
隻停泊，然後再由小型船隻或直升
機把人或貨物運輸到陸地上。

由於南極常年冰封，來往船隻必須依賴「破冰
船」來為它們「開路」。

在極夜進行緊急降落時，工作人員會在
跑道兩旁點燃油桶，以便飛機師能看清
楚跑道。

空路

相較於海路，以空中交通工具前往南
極大陸的難度不算大，只不過並非所
有飛機都可以獲准在南極降落的。南
極大陸設有超過20個機場，但礙於南
極的氣候和地形，這些機場都無法通
過國際民航組織的規範。而每逢冬天
進入極夜時，除了緊急情況，任何飛
機都不得降落在南極大陸。

陸路

由於南極氣候嚴寒，許多動物都沒辦法生存，因此早期人們只能利用犬類來拉雪橇。隨著科技進步，雪橇犬才逐漸被現代化的雪地交通工具所取代。此外，南極的環境惡劣，導致道路的建設條件差，同時路面容易被大風吹來的冰雪覆蓋，要維護也非常困難。

為了保護南極環境，南極條約體系在1991年發布禁犬令，從此南極大陸上就再也見不到犬隻的蹤跡了。

南極的主權

「南極是屬於哪一個國家呢？」這個問題差點釀成上世紀初的國際糾紛，因為當時共有10個國家先後對南極洲的部分地區正式提出主權要求。所幸經過協商後，各國逐漸達成共識，並在1959年簽下「南極條約」，使南極大陸成為全世界人類所共有的土地。

各國的科學考察站

經過南極條約的簽署後，南極成為各國進行科學考察的聚集地。目前南極大陸上有30個國家建立研究站，以下是幾個較為知名的科學考察站：

阿蒙森─史考特站

設立國家｜美國
設立年份｜1957
距離地理南極點不到100公尺距離的阿蒙森─史考特站，是地球上最南端的建築物，其名稱是為了紀念兩位最早抵達南極點的探險家。

設置在阿蒙森─史考特站的南極望遠鏡，是直徑長達10公尺的射電望遠鏡。
天文學者透過這台望遠鏡發現目前已知品質最大的遠星系團。

昭和基地

設立國家 | 日本

設立年份 | 1957

昭和基地共由60座以上建築物組成，可以進行天文、氣象、地球科學和生物學等方面的觀測。建築物之間都有走廊連接，使基地的隊員凍死在戶外的幾率大為降低。

1959年，兩隻被遺留在昭和基地的樺太犬——太郎與次郎，竟然在缺乏食物的情況下安然度過一年，至今仍令人津津樂道。

沃斯托克站

設立國家 | 俄羅斯（前蘇聯）

設立年份 | 1957

沃斯托克站設立於南磁極點附近，是觀測地磁變化的絕佳地點。但由於其惡劣的環境，導致它也是地球上人類最難居住的地方。

南極旅行

從上世紀60年代起，南極旅行便逐漸流行起來。儘管南極旅行的費用不菲，同時行程也並不輕鬆，但是近年來，每年通過海路探訪南極大陸的旅客仍持續增加，甚至超過1萬人。

旅行途徑

目前前往南極大陸最普遍的途徑，就是從南美洲阿根廷的烏斯懷亞乘船出發，橫渡德雷克海峽，到南雪特蘭群島以及南極半島。此外，旅客也可以選擇從澳洲或紐西蘭出發，雖然路程較長，但是沿途的景點也有所不同。至於空路，則可從智利的蓬塔阿雷納斯起飛，然後降落在南雪特蘭群島。

德雷克海峽

南美洲與南極洲之間的德雷克海峽，是南極洲與其他大陸最接近的距離。最窄的距離是645公里，由英國的法蘭西斯·德雷克船長所發現，因而得名。由於位在西風帶，經常發生風暴，海浪十分洶湧，是全世界最危險的航道之一。

南雪特蘭群島

南雪特蘭島是距離南極半島僅120公里的群島，由11個主要島嶼組成。

迪塞普遜島

迪塞普遜島又名奇幻島，是一座火山口形成的島。島上住有10萬對的南極企鵝，這裡被國際鳥盟列為重點鳥區。

喬治島

喬治島是南雪特蘭群島的最大島，島上有來自10個國家設立的科學考察站。

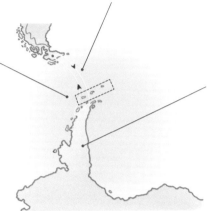

南極半島

南極半島是南極大陸唯一位在南極圈外的土地，因此相較於南極大陸的其他地區，這裡的氣候較為溫暖，許多科學考察站選擇設立在這一帶。

由於一般船隻不容易應付南極的地形，因此這種名為「Zodiac」的橡皮艇，便成為南極旅行中不可或缺的交通工具。

CHAPTER 5

正面交鋒

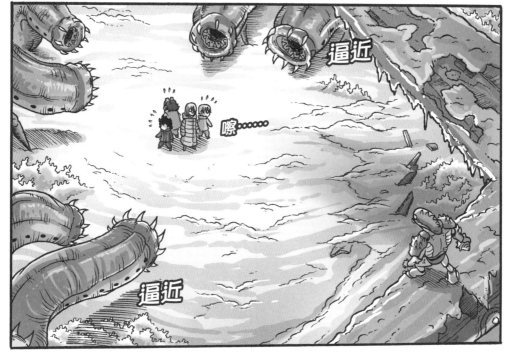

逼近

嚓ooooo

逼近

這傢伙到底是什麼來路啊？

感覺好像……

螃蟹！哈哈哈哈！！

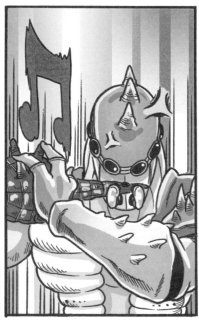

看來它知道你在取笑它。

是那隻螃蟹在控制這些怪物。

看吧，擒賊先擒王這個策略才是上策。

王還沒擒到，你在得意什麼？

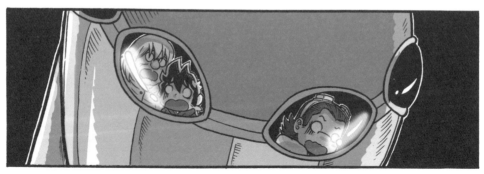

石頭！

你這傢伙……

小宇，搗住耳朵！

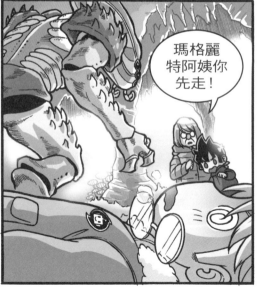

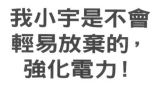

趁這時候～
快逃！

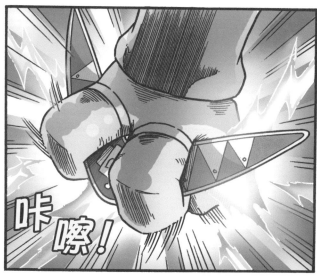

什麼？！

砰！！

砰！！！

啪嚓！

小宇……

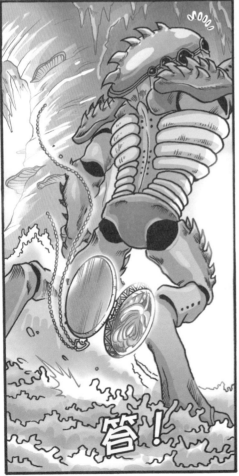

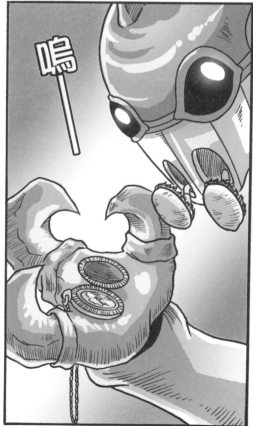
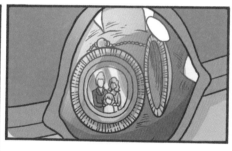

知識補給站

南極的礦物

南極大陸蘊藏了種類繁多且儲存量豐富的礦物資源，在已發現的超過220種礦物中，包括了煤、石油、天然氣、鉑、黃金、鐵等人類需求量高或價值昂貴的礦物。

南極的礦物分布

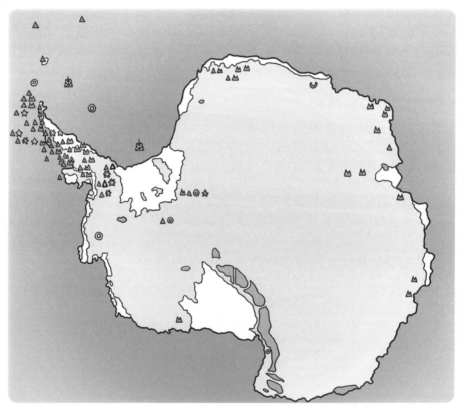

⛏ 石油天然氣	❋ 銀		
◎ 鎳鈷鉻	△ 鐵		
∪ 鈾	◯ 煤		
★ 白金	△ 銅		
☆ 黃金	△ 鉬		

💡 南極礦物究竟有多豐富呢？

據估計，南極的煤、石油和鐵的儲存量都是世界第一。煤的儲存量約有5000億噸，石油的儲存量約有500億至1000億桶，而鐵的儲存量更可供全世界開發利用200年。

💡 南極礦物無法被開採的原因

儘管南極礦物十分豐富，但目前仍無法進行開採活動，其中原因包括：

❶礦物的品質差，且分布零散

相較於礦物的儲存量，礦物的品質與分布對其工業開採價值的影響來得更大。南極的鐵礦石中，鐵的含量只有35%，遠不及其他地區高達60%鐵含量的礦石。至於煤礦，不是面對高水分、過薄或呈破碎形狀等品質問題，就是位置距離海岸線過遠或地勢過高，不符合開採的經濟效益。

❷地形造成開採難度高

南極大陸全年被大片冰層和冰棚覆蓋，導致開採礦物必須先穿過平均厚達2000公尺的冰層，不僅難度高，且成本昂貴。科學家評估，目前在南極開採石油的成本，每桶高達100美金，與2013年的原油價格幾乎一樣。

❸《南極環境保護議定書》禁止開採

1991年，各國簽署了《南極環境保護議定書》（或稱《馬德里議定書》）。議定書中明文規定，除了科研目的外，任何礦物的開採活動都不准在南極大陸上進行，其有效期限到2048年為止。

為什麼要禁止各國開採南極礦物呢？

這麼做是為了保護這片唯一未受人類破壞的大地。

可是如果人類不珍惜資源的話，相信很快就不得不開採南極礦產了。

CHAPTER 6
父女相認

嘩嘩

不好了！

咦？
怎麼大家
都這麼
忙碌？

極光的電微粒流越來越強了。

發生什麼事了?

這個地區出現了極光,一般在這個時候都不會有這種現象的,太奇怪了。

我剛剛就是從那裡過來的。

真的嗎?

瑪格麗特和那些小孩在那裡失蹤了,我想請你們一起去幫忙尋找他們。

失蹤?為什麼偏偏在這個時候啊?

這異常現象對我們來說是一次很重要的研究機會，各位要以研究為先。

等等！有什麼比救人來得重要啊?!

身為研究人員的我們時時刻刻都在等這一刻，所以我們必須待在自己的崗位上！

我明白了⋯⋯身為研究人員，任何數據都比我們重要。我相信瑪格麗特也這麼認為。

可惡！

既然這些人這麼無情，我就自己去……

喂，外面很冷，快開門啊！

你們……

瑪格麗特也是我的朋友，我們不會見死不救的。

其實那傢伙叫我們去做的實地考察，也只不過是插上探測器就完成了。

口是心非的傢伙。

大家快點出發吧，時間緊迫。

瑪格麗特撐著，希望這些極光與你無關。

呼～
呼～

我們來了！

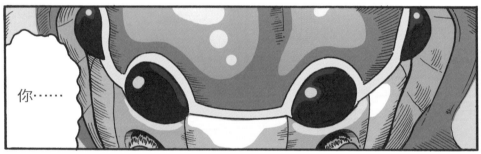

你……

這怪物居然會人類的語言？

說！你從哪裡⋯⋯得到這⋯⋯東西？！

那⋯⋯那是我媽媽⋯⋯給我的⋯⋯。

嗚～

呃……我還活著？

其他的人呢？

瑪格麗特阿姨！

這次不會被你擊敗了！

住手！不要傷害他！

!?

他就是50年前飛越南極時失蹤的霍金，也就是我爸爸！

他是你父親？！

沒想到他居然是瑪格麗特阿姨的父親。

可是為什麼會變成怪物呢？真是不可思議。

不管怎樣，瑪格麗特阿姨總算是完成她的心願了。

不過為什麼她的父親一點都沒有變老呢？

我懂了！這個冰洞跟冰箱的原理一樣！在冷凍的環境下，食物不會腐爛，所以人也不會變老！

所以結論是不可以告訴戴安娜和艾美麗，否則她們會想在這裡長住。

胡說……

爸爸,為什麼這50年來你都不曾回來找我們?

因為爸爸無法離開……

為什麼?我和媽媽每天都在期盼著你回來的那一天。

因為媽媽太想你,結果積鬱成疾去世了。

啪嚓

爸……

達令……

爸，我們還是可以重新來過，我們回家吧。

重新來過？

太遲了！

一切都太遲了！

爸爸，不要走！

走掉了，為什麼？

不懂，我不太會看文藝片。

你們在看電影嗎？

？

分我一點

冒出

那棵植物正在不斷的長大呢!

去看個究竟吧!

沿途中也看過不少這東西。

還會不斷的發光,真奇怪。

這些樹根好像正在輸送著什麼似的,大家小心別弄斷,也不知道會發生什麼後果?

弄斷了……

咦?

隆隆

知識補給站

💡 南極的臭氧層

近半個世紀以來，人們開始注意到南極上空的臭氧層出現「破洞」的現象。由於臭氧層破洞對全球生態造成極大的影響，因此聯合國多個成員國在1987年簽訂《蒙特利爾議定書》，以免臭氧層破洞進一步惡化。

💡 什麼是臭氧層？

在大氣層的平流層中，臭氧濃度較高的部分，就是臭氧層。臭氧層的密度其實並不高，主要集中在距離地表20至25公里之間。

💡 臭氧的形成

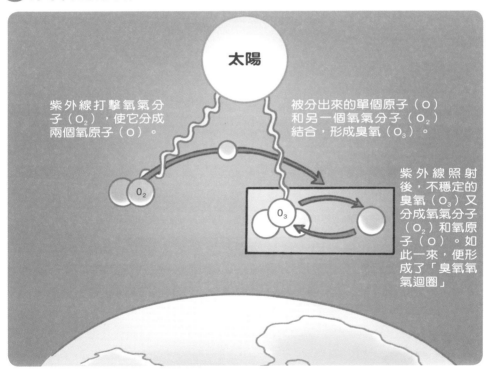

紫外線打擊氧氣分子（O_2），使它分成兩個氧原子（O）。

被分出來的單個原子（O）和另一個氧氣分子（O_2）結合，形成臭氧（O_3）。

紫外線照射後，不穩定的臭氧（O_3）又分成氧氣分子（O_2）和氧原子（O）。如此一來，便形成了「臭氧氧氣迴圈」

補充說明

臭氧正如其名，是一種具有特殊臭味的氣體，它也是氧氣的同素異形體。

💡 臭氧層的作用

臭氧層能吸收波長介於230奈米至350奈米的紫外線，這使臭氧層宛如一層抵擋太陽紫外線的保護膜，使地球生物可避免受到過量的紫外線照射。

💡 長期暴露在過量的紫外線之下，可能會造成：

❶破壞包括DNA在內的生物分子，增加人類罹患皮膚癌、白內障的機率。
❷動物免疫系統受抑制。
❸植物生長遲滯、農作物減產。
❹破壞自然生態的平衡。
❺改變氣候、產生溫室效應，間接造成海平面上升。

💡 臭氧層破洞

不同地區的臭氧層密度都不一樣，在赤道的密度最高，在兩極的密度則較低。但如果某個地區的臭氧量出現顯著減少的現象，那就是「臭氧層破洞」。目前地球表面大約有4.6%的區域沒有臭氧層，其中主要分布在南極和北極。

1979年　　　　　1988年　　　　　1998年　　　　　2008年

自從1970年，臭氧層以每十年4%的速度遞減，尤其以南極上空特別嚴重，不過這種「破洞」肉眼是看不見的。

💡 臭氧層破洞的成因

臭氧氧氣迴圈的光化學作用，使臭氧與氧氣在不斷的分解和組合中，吸收了大量的紫外線。然而臭氧會因為被一些游離基催化，使它形成氧氣而消失，導致迴圈中斷。這些游離基有氫氧基、一氧化氮游離基、氯原子和溴原子。其中，氯原子和溴原子主要是由於人造物質所產生的，是導致臭氧被大量消耗的主因。

補充說明

氟利昂（CFC）是造成臭氧層破洞的元凶，一個氟利昂分子可以消耗近10萬個臭氧分子。1980年代以前，它被廣泛的利用在製造冷氣、冰箱等電器的製冷劑，不過近年來已經被其他化學物質所取代。

CHAPTER 7
真相大白

隆隆

地震？

凋謝

其他的光芒也逐漸黯淡了下來。

啪嚓！

啊

吱吱

又變亮了。

這些到底是什麼東西？

就是因為這些植物爸爸才不回來的嗎？

小瑪格……

爸爸是有苦衷的。

這一切都要從50幾年前說起……

剛⋯⋯剛被我撞倒的⋯⋯到底是什麼生物⋯⋯物？

呃⋯⋯達令⋯⋯小瑪格⋯⋯對不起⋯⋯我這次要爽約⋯⋯了。

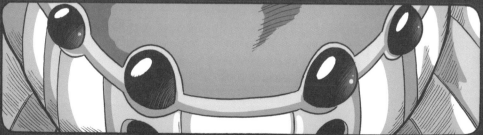

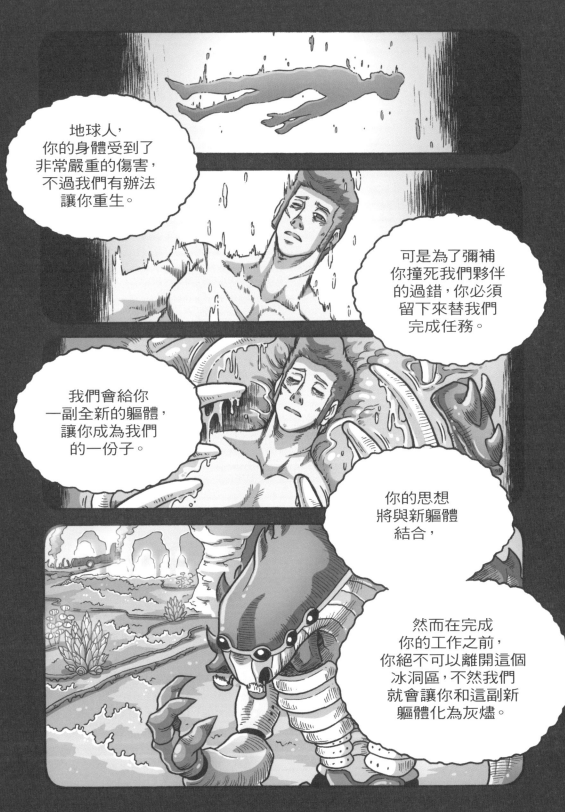

好大的洞啊！

快點下去吧！

這裡是……

南極怎會有這種植物？

這個地方太奇怪了，得記錄才行。

他們應該在這附近，快找找看。

到處都是奇怪的植物。

吱

樹根？

啪

小心點。

有入侵者。

那應該是
我的助手,
他們下來找
我們了。

那就糟了,
他們會觸動
守護者的!

他們的處境
很危險!

砰！

砰！

發生什麼事了？

這些樹根好像都被拉扯往這個方向去了。

啪嚓！！！

這裡快垮了！

沒辦法，就只有跟著這些樹根走吧！

我快受
不了啦！

撲
！

嘶
！！！

停止了？

瑪格麗特
阿姨，沒事
了，走吧。

137

💡 南極旅遊行前準備

很多人以為到南極需要準備很多禦寒的裝備，但其實需要準備的東西不會比一般旅行多很多，尤其是從南美洲出發的行程。請記住你是在夏季前往南極旅遊，而不是深入南極內陸探險或進行科學研究。

下面介紹最常見的南極旅遊方式（從南美洲出發乘船登陸），出發前所需的準備。

💡 水鞋和暈船藥

水鞋（Wellingtons boot）是到南極旅遊的必需品，因為時常有機會搶灘登陸，沒有水鞋，腳就會浸泡在 -1 度的冰水中了。水鞋的高度要接近膝蓋的位置，有些旅遊船上也有水鞋供租用，但那些水鞋有可能是之前的乘客離船前遺棄的，所以尺寸不一定合用。水鞋的尺寸很重要，太緊或太鬆都不行，在旅遊船上則可穿涼鞋或拖鞋。

尺寸適合的水鞋

暈船是很多人不想到南極的一個重要原因，南極風浪嚴重時，連坐都會坐不穩的。服用暈船藥的一個要點，是要在可能會暈船前兩小時左右開始服用，而不是感覺暈船後才開始服用。

🗨 衣著準備

到南極要穿能保溫的外套，不太建議穿羽毛或羽絨衣（因為弄溼了便不能保溫），最外層應加穿一件防風防水的戶外服。褲子也一樣，外層要能防風防水。

在寒冷多風的南極大陸，一頂能蓋住耳朵的帽子很重要。保護耳朵，防風保暖。內襯是絨毛的帽子很適合，普通的毛線帽或棒球帽則不適宜。

另外，建議準備2副手套：一副防水保暖，最好有加絨內襯，在衝鋒艇巡遊時特別適用；另一副薄觸屏棉手套，或薄羊毛手套，便於手機操作和攝影。

圍巾（圍脖）可以把臉遮起來，避免太陽輻射或者大的風雪天氣，保護脖子、臉部不被冷風吹。選擇暖和、不透風的材質，不建議攜帶絲綢質地，毛線針織這類圍巾。

CHAPTER 8
生命交換

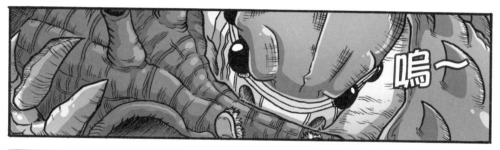

嗚～

這是什麼怪物啊？

它不攻擊我們？

快逃吧！

發亮

幸好來得及控制它們。

發生什麼事了？

！

咻！

這些樹根怎麼了？難道……

咻！

咻！

砰！

砰！！

糟了！
出口被堵
住了！

隆

隆

！

你們看！

未知的宇宙……

嗡

嗡

霍金先生願意和我們一起探索這未知的宇宙嗎?

謝謝主人的厚愛。

我很難得可以再見到我的女兒,現在我只想擁有更多的時間陪她……

咦?小瑪格怎麼臉色這麼蒼白?

148

瑪格麗特阿姨……死了。

什麼？

剛才那太空船發出強音波，結果阿姨就……

一定是你們闖進了主人的禁地觸發了防衛系統……

對不起……

不可以……我絕不允許這種事情發生……

既然這樣……

霍金先生！你想幹什麼？

我要救我的女兒，就算犧牲我自己！

霍金先生！

你想把你的生命能源傳輸給她？這樣也未必救得了她，而你卻會……

作為她的父親，無論如何我都要試一試！

……

這50年來，我虧欠她們母女太多了，這是我現在唯一可以彌補的機會！

瑪格麗特阿姨，醒醒啊！

呃……

我還活著？我爸爸呢？

霍金先生為了救你，把能量都傳輸給你了。

小瑪格……

別傷心，爸爸可以再見到你一面，已經沒有遺憾了……

爸爸……

這種團聚的感覺……
真好……

闊別了50幾年,這對父女總算有機會在南極雪地上重逢⋯⋯

可惜相聚時刻是如此短暫,轉眼間父親就隨著風煙消雲散,只留下女兒深深的遺憾。

這次的任務，我們已經無法用「成功」或者「失敗」來定義了。這裡有太多我們無法解釋的謎團，如果不是親眼目睹，恐怕這輩子都無法相信……

但至少我們可以確定一個事實：原來在這浩瀚的宇宙之中，除了我們人類，還有其他高智慧生物存在！

知識補給站

🔍 南極的動物

儘管目前在南極發現的動物，在數量和種類上都不及其他地區，但是南極動物仍然有它們的魅力存在。例如企鵝，一提到南極，人們第一個聯想到的，幾乎都是這種外形逗趣的鳥類。此外，海豹、鯨魚和各種海鳥，也是人們前往南極想一睹它們廬山真面目的動物。

海豹

生活在南極海域的海豹有：大眼海豹、韋德爾氏海豹、食蟹海豹、豹斑海豹和南象海豹，其中以南象海豹的體型最大。海豹是肉食性動物，它們主要以魚類、魷魚和磷蝦等動物為食。海豹可以潛水到600公尺以上的深度，而特殊的眼球構造，讓它們能在光線微弱的水中看得見獵物。

大眼海豹

大眼海豹是最稀有的海豹，它們無論在冰上或是在水下都能發出聲音，而人類目前仍不清楚這些聲音的含意。

韋德爾氏海豹

韋德爾氏海豹是生活在地球最南端的哺乳動物，為了躲避掠食者，它們習慣在南極沿岸延伸出來的冰層底下生活。

食蟹海豹

食蟹海豹是數量最多的海豹，據保守估計，它們的數量約有七百萬隻，甚至有可能達到七千萬隻。

豹斑海豹

別小看這種南極第二大的海豹，它們可是凶猛的掠食動物，不但會捕食企鵝和食蟹海豹，甚至有殺害人類的紀錄。

南象海豹

南象海豹是地球上最龐大的食肉目動物，最高紀錄為重5噸、長6.85公尺。此外，雌雄之間的體型差異十分懸殊，雄性南象海豹一般可比雌性重上五～六倍。

南極毛皮海獅

南極毛皮海獅，又稱為南極海狗，體型比海豹略小，是海豹的近親。

企鵝

企鵝約有17種，絕大多數生活在南半球，只有皇帝企鵝及阿德利企鵝完全生活在南極大陸。企鵝全身羽毛密布，皮下脂肪也厚達2至3釐米，這使它們能在嚴寒的環境中生活。企鵝是鳥類，但由於翅膀已經演化成槳狀，因此無法飛翔。企鵝在陸地上行走的時候顯得十分笨拙，可是一旦進入水中，行動就變得非常敏捷。

阿德利企鵝

阿德利企鵝是生活在最南部的海鳥，它們冬天時住在浮冰上，到了夏天就會到南極大陸的沿岸繁殖、產卵。阿德利企鵝每次會產下兩個蛋，不過通常只有一個幼鳥可以存活。阿德利企鵝在12月開始孵蛋，孵蛋和哺育的責任是由父母輪流負責，當其中一隻去覓食，另一隻就會留下來。阿德利企鵝喜歡以南極磷蝦和極地魷魚為食。

皇帝企鵝

皇帝企鵝是體型最大的企鵝，可以閉氣20分鐘，潛入深達150至250公尺的水中覓食。雄性皇帝企鵝是出了名的好爸爸，它會在企鵝媽媽產卵後，孵蛋長達65天，而這段時間它不進食，只靠燃燒體內的脂肪來存活。雄性皇帝企鵝的雙腿和腹部下方之間，有一塊布滿血管的育兒袋，即使周遭環境低至零下40℃，但是蛋仍能保持在36℃溫度中孵化。

南極企鵝

南極企鵝又稱為頰帶企鵝或帽帶企鵝，因為它們的面部有黑色紋帶，看起來像是戴著盔帽一樣。南極企鵝習慣在中午或午夜時分覓食，它們會潛到水中捕食磷蝦等小動物。

國王企鵝

在皇帝企鵝被發現以前，人們以為國王企鵝是最大的企鵝，但其實它們只是第二大的企鵝。由於它們居住在南極圈週邊，較溫暖的氣候讓它們在11月至4月之間都能產卵。而小企鵝成長的時間也比較長，它們需要1年左右才能離開父母的哺育。

馬可羅尼企鵝

馬可羅尼企鵝是世界上數量最多的企鵝，目前約有2400萬隻。它們頭頂上長有金色羽毛，因此也被稱為「長冠企鵝」。馬可羅尼企鵝通常會選擇距離海岸數公尺的陡峭山地來做窩，避免蛋或小企鵝受到其他鳥類的侵擾。

🔍 南極的植物

南極是地球上最不適合植物生長的環境之一，除了氣溫極低以外，溼度低、風大、日照少、營養缺乏和生長季節短等因素，也限制了陸地植物的生長。因此南極植物非常稀少，目前南極已發現的植物只有850多種，其中開花植物屈指可數，主要都是低等植物，分別有地衣、苔蘚和藻類。

> **補 充 說 明**
>
> 緯度較低的島嶼、南極半島西岸，以及火山的噴氣孔附近，都是南極植物較容易生存的環境。

🔍 開花植物

目前南極大陸上發現的開花植物只有兩種，它們主要分布在南極半島西岸。在這種惡劣的環境中，這些植物的光合作用效率只達到其他地區的30%至40%。

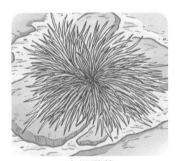
南極發草

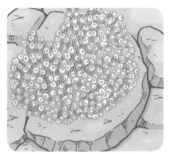
南極漆姑草

隨著地球的暖化，使南極的植物在夏天時生長速度提高，有專家預測，說不定將來南極就能看見一片綠油油的景象了。

藻類

陸生藻類也是南極大陸能見到的植物之一。這些植物以各種不同的方式來適應南極的惡劣環境，主要生長在潮溼的沙子和礫石周圍。是構成南極生態食物網的重要一環。

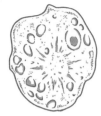

極地雪藻是一種嗜冷生物，在地理南極點附近仍能發現它們的蹤跡。由於極地雪藻生長在雪中時會呈現微紅色且帶有西瓜的氣味，因此被稱為「西瓜雪」。

苔蘚

南極大陸上的苔蘚植物並不多，主要出現在容易獲得水分或有屏障的地方。跟地衣比起來，苔蘚的適應能力一點也不差，不容易在蒸散作用中失去寶貴的水分，同時在極晝時也能適應漫長的日照時間，這些條件使它們足以在南極的土地上生存。

銀葉真蘚是一種遍布全球的植物，它們從長期的冷凍中解凍後，只需短時間便能進行光合作用。此外，銀葉真蘚在極低溫下的光合作用效率很高，使它能在南極中生存。

地衣

地衣是南極大陸上種類最多、分布最廣的植物。主要分布在南極的沿海地帶和島礁上，不過在距離地理南極點的400公里處仍能見到這種植物的蹤跡。南極上的地衣可以在低至-20℃的環境進行光合作用，還能從冰雪中吸取水分，可見它們的適應能力有多麼頑強。

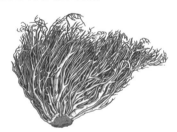

南極松蘿是南極常見的地衣，由於一年的生長期只有短短的120天左右，因此它們一年才長出0.01至1毫米而已。不過它們壽命很長，最高紀錄約4500年。

登上南極大陸時，千萬要留意腳下，平常可能沒放在心上的小植物，或許是歷經數千年才辛辛苦苦長出來的哦！

學習測驗站

01 以下哪一項關於南極洲的說明是錯誤的？
A 南極洲是世界上最小的洲
B 南極洲是世界上最高的洲
C 南極洲上有世界上最大的冰棚

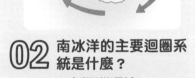

02 南冰洋的主要迴圈系統是什麼？
A 南極洲環流
B 南赤道洋流
C 北大西洋洋流

03 南極點的年均溫是多少？
A -9.5°C
B -49.5°C
C -94.5°C

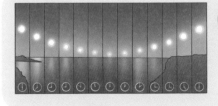

04 以下哪一項對極晝的解釋是正確的？
A 極晝是一整天都看不見太陽
B 極晝是太陽一整天都不下山
C 極晝是出現在高磁緯地區的發光現象

05 可以被稱為南極點的地點有幾個？
A 3個
B 4個
C 5個

06 第一個抵達地理南極點的人是誰？
A 別林斯高晉
B 羅爾德·亞孟森
C 羅伯特·斯科特

07 哪一項條約闡明了「南極大陸是全世界人類所共有的土地」？
A 《南極條約》
B 《北極條約》
C 《南京條約》

08 哪一份議定書規定不准在南極大陸上進行礦物開採？
A 《京都議定書》
B 《蒙特利爾議定書》
C 《南極環境保護議定書》

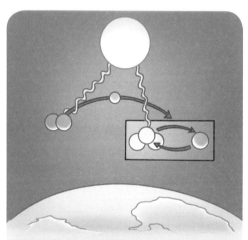

09 臭氧層能吸收哪一種光線來保護地球？
A ╳ 光線
B 紅外線
C 紫外線

10 以下哪一種不是南極大陸上的開花植物？
A 南極發草
B 銀葉真蘚
C 南極漆姑草

11 下列哪一隻是豹斑海豹？

A

B

C

12 下列哪一隻是馬可羅尼企鵝？

A B C

答 案 揭 曉

01 A	02 C	03 C
04 A	05 B	06 B
07 B	08 A	09 A
10 B	11 C	12 C

全部答對

表現得很不錯嘛！
跟我不相上下！

答對 10－11 題

偷偷告訴你，
其實我比博士聰明！

答對 8－9 題

要像我一樣活用知識，
才不會變成書呆子喔！

答對 6－7 題

下一次我的分數
一定會比你高！

答對 4－5 題

看來我要惡補一下了！
有人要一起去圖書館嗎？

答對 0－3 題

呃……
大家一起加油吧！

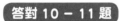

X探險特攻隊 勇闖南極歷險記

作　者：李國靖‧阿比
繪　者：氧氣工作室
發行人：楊玉清
副總編輯：黃正勇
執行編輯：李欣芳
美術設計：辰皓國際出版製作有限公司

出　版：文房(香港)出版公司
2019年2月初版一刷
定　價：HK$75
ＩＳＢＮ：978-988-8483-60-0

總代理：蘋果樹圖書公司
地　址：香港九龍油塘草園街4號
　　　　華順工業大廈5樓Ｄ室
電　話：(852) 3105 0250
傳　真：(852) 3105 0253
電　郵：appletree@wtt-mail.com

發　行：香港聯合書刊物流有限公司
地　址：香港新界大埔汀麗路36號
　　　　中華商務印刷大廈3樓
電　話：(852) 2150 2100
傳　真：(852) 2407 3062
電　郵：info@suplogistics.com.hk